防灾应急避险科普系列

火灾避险手册

刘立新　张　伟　主编

U0196318

中国城市出版社

图书在版编目（CIP）数据

火灾避险手册 / 刘立新，张伟主编 . —北京：中国城市出版社，2023.4

（防灾应急避险科普系列）

ISBN 978-7-5074-3600-6

Ⅰ.①火… Ⅱ.①刘… ②张… Ⅲ.①火灾—自救互救—普及读物 Ⅳ.①X928.7-49

中国国家版本馆 CIP 数据核字（2023）第 067268 号

责任编辑：毕凤鸣　刘瑞霞
责任校对：孙　莹

防灾应急避险科普系列

火灾避险手册

刘立新　张　伟　主编

*

中国城市出版社出版、发行（北京海淀三里河路 9 号）

各地新华书店、建筑书店经销

华之逸品书装设计制版

天津图文方嘉印刷有限公司印刷

*

开本：880 毫米×1230 毫米　1/32　印张：3　字数：62 千字

2023 年 4 月第一版　　2023 年 4 月第一次印刷

定价：**30.00** 元

ISBN 978-7-5074-3600-6

（904626）

序
Preface

　　我国是世界上自然灾害最为严重的国家之一，灾害种类多，分布地域广，发生频率高，造成损失重，这是一个基本国情。特别是随着全球极端气候变化和我国城镇化进程加快，自然灾害风险加大，灾害损失加剧。我国发展进入战略机遇和风险挑战并存、不确定和难预料因素增多的时期，各种"黑天鹅""灰犀牛"事件随时可能发生。可以说，未来将处于复杂严峻的自然灾害频发、超大城市群崛起和社会经济快速发展共存的局面。同时，各类事故隐患和安全风险交织叠加、易发多发，影响公共安全的因素日益增多。

　　"人民至上、生命至上"是习近平新时代中国特色社会主义思想的重要内涵，也是做好防灾减灾工作的根本出发点。我们必须以习近平新时代中国特色社会主义思想为指导，坚定不移贯彻总体国家安全观，健全国家安全体系，提高公共安全治理水平，坚持安全第一、预防为主，建立大安全大应急框架，完善公共安全体系，推动公共安全治理模式向事前预防转型。

　　要防范灾害风险，护航高质量发展，以新安全格局保障新发展格局，牢固树立风险意识和底线思维，增强全民灾害风险防范意识和素养。教育引导公众树立"以防为主"的理念，学习防灾减灾知识，提升防灾减灾意识和应急避险、自救互救技能，做到主动防灾、科学避灾、充分备灾、有效减灾，用知识守护我们的生命，筑牢防灾减灾救灾的人民防线。这不仅是建立健全我国应急管理体系的需要，也是对自己和家人生命安全负责的一种具体体现。

综上所述，我们在参考相关政策性文件、科研机构、领域专家和政府部门已发布的宣教材料的基础上，借鉴各地应急管理工作实践智慧和国际经验，充分考虑不同读者的特点，分别针对社区、家庭、学校等读者对象应对地震灾害、地质灾害、气象灾害、火灾等，各有侧重编写了相关的防灾减灾、应急避险、自救互救知识。可以说，本次推出的"防灾应急避险科普系列"（6册）之《社区应急指导手册》《家庭应急避险手册》《校园应急避险手册》《地震避险手册》《洪涝避险手册》《火灾避险手册》是为不同年龄、不同职业、不同地域的读者量身打造的防灾减灾科普读物，具有很强的科学性、针对性和实用性，旨在引导公众树立防范灾害风险的意识，了解灾害的基本状况、特点和一般规律，掌握科学的防灾避险及自救互救常识和基本方法，提高应对灾害的能力，筑牢高质量发展和安全发展的基础。

2023 年 4 月

前 言
Foreword

　　生活离不开火。但是，火种使用不当或者管理不善，就会发生火灾，甚至严重威胁生命财产安全。俗话说：火灾猛于虎，火过人财空。每个人都可能成为火灾的元凶或受害者。防火意识淡薄，缺乏防火常识，疏忽侥幸心理等，都是诱发火灾的主要原因。

　　国泰民安是人民群众最基本的诉求和愿望。消防安全是公共安全的重要组成部分，与人民群众生命财产安全、经济发展与社会稳定密切相关。生命只有一次，防火刻不容缓。为让朋友们丰富消防基本知识，强化消防安全意识，提高抗御火灾能力，保障生命财产安全。我们编写了《火灾避险手册》。该手册由北京励拓新安安全防范技术有限公司资深消防专家刘立新先生、张伟教授主笔编写，他们结合二十多年消防实践和经验积累，从理论和实践的结合上系统回答了：怎样认识火灾；如何有效预防火灾；怎样使用、维护、保养常用消防设备、器材；什么是智能消防管理、有哪些先进手段；火灾初期如何扑救；火灾发生后如何疏散逃生；违反消防法规怎样惩处；社会单位如何提高消防安全四个能力等广大读者朋友关切的问题，以此告诫大家，要想远离火灾，必须增强防火意识，学习防火知识，提高自身防范能力。

该手册在编写过程中凝结了彭静雯、白志国、穆克华、巩家婧、梅军建、刘淼等同志的辛勤付出和不懈努力，在此一并表示衷心感谢！

未雨绸缪，防患未然。相信《火灾避险手册》，能为防范和化解火灾风险，筑牢安全防线，贡献一份力量。

编者

2023 年 4 月

目 录
Contents

怎样认识火灾

- 认识火灾
- 火灾分类
- 引发火灾主要原因
- 日常如何有效预防火灾

 **认识火灾**

1.火灾燃烧的必要条件

火灾燃烧,助燃物、可燃物、着火源三个条件必须同时具备,即着火的三要素。这三个要素缺少任何一个,燃烧都不能发生和维持,因此,火的三要素是火灾燃烧的必要条件。

(1)助燃物:帮助和支持可燃物质燃烧的物质,能与可燃物发生氧化反应的物质,如空气,氧气等。

(2)可燃物:与空气中的氧或其他氧化剂燃烧反应的物质,如纸张,木料、干草等。

(3)着火源:供应可燃物与助燃物发生燃烧反应能量的来源。除明火外,电火花,摩擦、撞击产生的火花及发热自燃起火的氧化热等物理化学因素都能成为着火源。

2.火灾燃烧产物及其毒性

燃烧产物:由燃烧或热解作用产生的全部物质。包括:燃烧生成的气体、能量、可见烟等。

燃烧生成的气体:二氧化碳、一氧化碳、氯化氢、丙烯醛、氰化氢、二氧化硫等。

　　燃烧产生的毒性：吸入过多火灾燃烧产生的有毒烟气是火灾中约80%死亡人数的致死原因。

　　二氧化硫、一氧化碳是火灾中的主要燃烧产物，也是火灾烟气的有毒成分，其毒性在于对血液中血红蛋白的高亲和性，比氧气高出250倍。

3.火灾的燃烧阶段

（1）起火阶段

（2）发展阶段

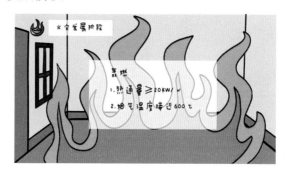

（3）猛烈阶段

（4）下降阶段

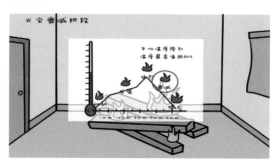

（5）熄灭阶段

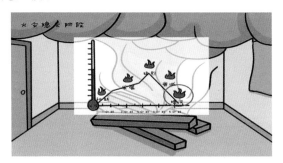

(二) 火灾分类

1.火灾的种类

（1）固体火灾：如木材、干草、煤炭、棉制品、纸张等引起的火灾。

（2）液体火灾：指液体或可熔化的固体物质火灾。如煤油、柴油、甲醇、乙醇、沥青等引起的火灾。

（3）气体火灾：如煤气、天然气、甲烷、乙烷等引起的火灾。

（4）电气火灾：指带电设备或电线故障引起的火灾。如电线故障，充电插座、家用电器、电动自行车故障等引起的火灾。

（5）金属火灾：如钾、钠、镁、锂等禁水物质引起的火灾。

（6）烹饪火灾：烹饪器具内的动植物油脂引发的火灾。

2.火灾等级分类

火灾等级分为特别重大火灾、重大火灾、较大火灾和一般火灾四个等级。

（1）特别重大火灾：造成30人以上死亡，或者100人以上重伤，或者1亿元以上直接财产损失的火灾；

（2）重大火灾：造成10人以上30人以下死亡，或者50人以上100人以下重伤，或者5000万元以上1亿元以下直接财产损失的火灾；

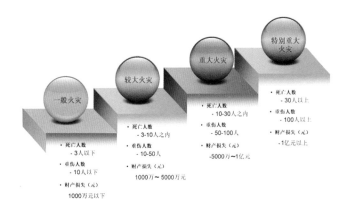

（3）较大火灾：造成3人以上10人以下死亡，或者10人以上50人以下重伤，或者1000万元以上5000万元以下直接财产损失的火灾；

（4）一般火灾：造成3人以下死亡，或者10人以下重伤，或者1000万元以下直接财产损失的火灾。

 引发火灾主要原因

1.用火不慎

（1）烟头。一个燃着状态的烟头，表面温度是300摄氏度，而烟心温度达700～800摄氏度，一旦接触可燃物，就会引燃，可能造成大火。

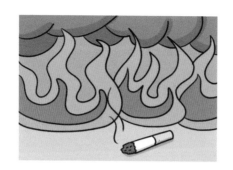

（2）儿童玩火。有的小朋友喜欢玩火柴和打火机，若不注意点燃身边易燃物，就会引起火灾。

（3）蜡烛。点燃的蜡烛位置不当或被风吹倒，碰到易燃物等，引发火灾。

（4）烟花爆竹。放爆竹时忽略观察周围是否有易燃易爆物品，爆竹燃放过程中就会酿成火灾。

（5）炉灶。油锅过热起火，或炉灶离家具、柴火、油料等可燃物太近，不小心引燃，酿成火灾。

2.用电不慎

（1）灯具。白炽灯泡使用时，表面温度会随时间逐渐升高，如果灯泡长时间紧靠易燃物品，如蚊帐、窗帘、书报、纸张等，就可能引起火灾。

　　（2）电炉、电熨斗。电炉、电熨斗等高温小家电放在可燃物上，忘记关闭或停电时忘记拔掉电源插头，来电后长时间高温引燃可燃物，诱发火灾。

　　（3）电褥子。长时间折叠、揉搓会造成电褥子内电热材料断路或短路故障，长时间使用，可能使被褥过热引起火灾。

（4）电器爆炸。电视机高压放电，电冰箱内贮酒精等易燃易爆液体，或因环境条件的改变有爆炸的可能。

3.其他原因

（1）雷击、地震等引起的火灾。

（2）碰撞和摩擦产生的火花引起的火灾。

（3）明火引燃引爆引起的火灾。

（4）静电火花引起爆炸发生火灾。

（5）违章操作引起的火灾。

日常如何有效预防火灾

1.家用电器

（1）家用电器用完后要随手关闭，避免意外情况导致火灾发生。

（2）不要把家用电器放在易燃易爆的地方，易燃易爆物品可能因为周围的电火花导致爆炸。

（3）小家电用完不要随手扔在床上，这样也很容易留下隐患。

（4）出远门，记得关闭电源总开关，可以保证家里无人时，不会发生意外引起火灾。

（5）家用电线、电器应定期检查，防止电线老化、电器故障引发火灾。

2.煤气炉火

（1）煤气、天然气的使用，要做到随用随关。出远门，要记得关闭燃气总开关。

（2）当炒菜做饭发生油着火时，应立即关闭煤气开关，用湿抹布掩盖扑灭，不要用水灭油火。

3.抽烟

（1）绝对禁止乱扔烟头。特别是在易燃易爆场所，一个烟头就会酿成特大火灾。抽烟的人一定要在烟缸熄灭烟头，改掉随地乱扔烟头的坏习惯。

（2）睡觉前，绝对禁止卧床或卧沙发抽烟，因为会导致烟火落在床上或沙发上引发火灾。

4.燃放烟花爆竹

每逢佳节喜庆，不少单位或家庭都要燃放烟花爆竹，以示庆贺。切记：一定要在空旷的地方燃放，绝对禁止在易燃易爆场所燃放，更不要在走廊过道上燃放。同时，要多加注意自家的阳台窗户，因飞来的火种有可能点燃阳台可燃物。因此，佳节喜庆开开心心，也要检查一下自家的消防安全情况。

5.室内防火

（1）室内安装烟感报警器，如遇烟火可发出报警。

（2）经常检查房间，可及时发现消除消防隐患。

6.通道走廊防火

家门外的地方，是最容易被忽略的地方，也是火灾发生的诱因。

（1）纸箱、干柴、油纸等可燃物堆积在一起，天气炎热或者其他意外情况都可能导致火灾的发生。因此，不常用的物品最好放在储藏室。

（2）走廊通道角落里不要堆放易燃物。

7.厨房防火

（1）锅内起火，可盖上锅盖或将生菜倒入锅内，特别注意不可向锅内浇水灭火，因为冷水遇到高温热油会"炸锅"，油火到处飞溅，很容易造成火灾和人员灼伤。

（2）厨房门窗保持通风，可以及时排除室内天然气和一氧化碳等有害气体存在的隐患，降低、消除爆炸中毒的危险。

（3）炉灶周边禁止堆放易燃物，厨房炉灶周边要保持整洁，不要放置塑料调料瓶、抹布、带油脂的餐具等易燃可燃物品。

（4）厨房油垢、油烟管道要及时、定期清理，防止油垢引发火灾。

（5）炉灶使用结束后，应及时关闭所有燃气阀门，切断电源。

常用消防设备器材使用方法

二

（一）常用消防设备器材介绍及使用方法

1.手提式ABC干粉灭火器

使用方法：

（1）发生火灾时，应手持灭火器筒身，上下摇动数次；

（2）拔出保险栓，保持筒体与地面垂直，手握胶管；

（3）从上风位置接近火点，将皮管朝向火苗根部；

（4）用力压下握把，摇摆喷射，将干粉射入火焰根部；

（5）火熄灭后，可用水冷却除烟；

（6）灭火时应顺风不宜逆风。

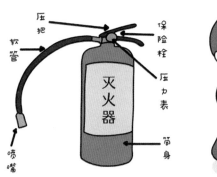

2.推车式灭火器

使用方法：

（1）发生火灾时，迅速将灭火器推至现场；

（2）拔出保险栓，保持筒体与地面垂直，手握胶管；

（3）选择上风位置接近火点，将皮管朝向火苗根部；

（4）用力压下握把，摇摆喷射，将干粉射入火焰根部；

（5）火熄灭后，可用水冷却除烟；

（6）灭火时应顺风不宜逆风。

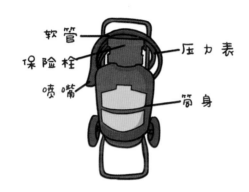

3.过滤式自救呼吸器

使用方法：

（1）打开盒盖，取出真空包装呼吸器；

（2）撕开包装袋，拔掉呼吸器前后两个罐盖；

（3）戴上头罩，拉紧头带；

（4）选择路径，及时逃生。

1.从四个结点处放松头带，一只手把前额的头发向后捋住，一只手掌住面具朝向自己的脸。

2.把面具戴到脸上，并把头带拉到脑后。

3.在下方两个结点处拉紧头带。

4.在上方两个结点处拉紧头带。

4.消防水带

使用方法：

（1）铺设时应避免水带弯曲、打折，防止降低水压。还应避免扭转，以防止充水后水带转动面使内扣式水带接口脱开；

（2）充水后不要在地面上强行拖拉，确实需要改变水带位置时，抬起移动，最大程度减少水带磨损。

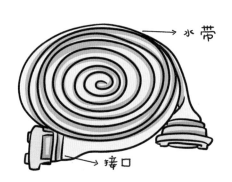

5.消防水枪

使用方法：

直接连接在水带接口使用。

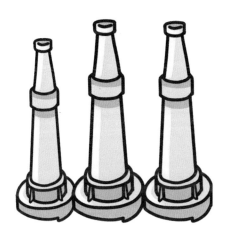

6.消火栓

使用方法：

（1）取出消火栓内水带并展开，一头连接出水接口，另一端接上水枪，缓慢开启球阀；

（2）快速拉取消防水带至事故地点，缓慢开启球阀开关。

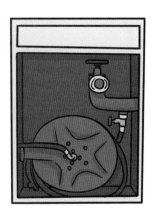

消火栓的使用方法

打开或击碎箱门取下消防带

展开消防水带

水带一头接到消防栓接口上

另一头接上消防水枪

另一人打开消防栓上的水阀开关

对准火源根部进行灭火

7.手动报警按钮

使用方法：

当发生火灾时按下手动报警按钮，向消防控制室发出报警信息。

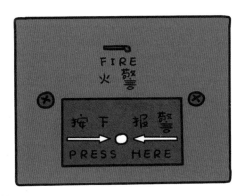

8.感温探测玻璃球喷头

使用方法：

火场温度升至68摄氏度时，感温探测的玻璃管自动爆裂。喷淋系统启动消防喷淋，自动喷水灭火。

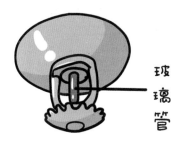

9.烟感探测器

使用方法：

当空气中烟的浓度达到警戒值，感烟探测器会自动报警，将火灾信号传送至消防控制室，值班人员到现场确认是否真正发生火灾。

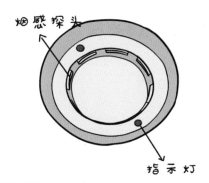

10.消防应急灯

当发生火灾或停电时，消防应急灯会自动工作照明。

11.紧急疏散标识牌

当发生火灾或停电时，指示疏散通道和安全出口的方向。

（二）家庭常用消防器材

1.手提灭火器

2.逃生绳

3.防毒面具

4.手电筒

消防设施介绍

1.火灾自动报警系统

火灾自动报警系统是由触发装置、火灾报警装置、联动输出装置以及其他辅助功能装置组成。火灾初期将燃烧产生的烟雾、热量、火焰等物理量，通过火灾探测器变成电信号，传输到火灾报警控制器，以强烈的警示音或信号灯提醒现场人员注意，开始人员疏散。同时，控制器记录火灾发生的部位、时间等信息，助力初火、小火的及时发现，可迅速采取有效措施，扑灭初期火灾。启动消防联动装置，如自动喷淋系统，防排烟系统、防火卷帘等，可降低火灾危险及蔓延态势，最大限度减少火灾造成的生命和财产损失。

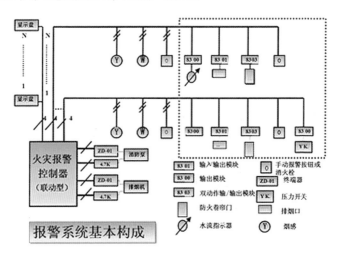

报警系统基本构成

2.自动喷水灭火系统

自动喷水灭火系统由感温探测玻璃球喷头、报警阀组、水流报警装置，以及管道、供水设施组成。系统的管道内充满有压水，一旦发生火灾，感温探测玻璃球喷头上的玻璃管，在达到预设阈值时会自动爆破，喷淋头就能均匀喷水。

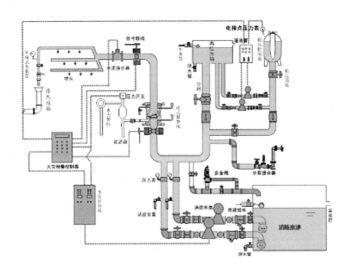

3.机械防排烟系统

机械防排烟系统，由送排风管道、管井、防火阀、开关设备，送排风机等设备组成，一旦发生火灾，联动启动机械防排烟系统。

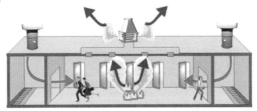

4.防火卷帘系统

防火卷帘主要用于需要防火分隔的区域，一旦发生火灾，联动降下防火卷帘，阻止火灾蔓延。

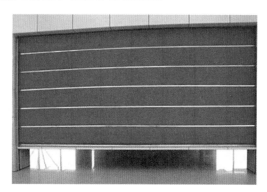

5.气体灭火系统

气体灭火系统主要用于计算机机房、重要图书馆、档案馆、移动通信基站（房）、UPS室、电池室、柴油发电机房等场所，一旦发生火灾，自动启动气体灭火系统灭火。

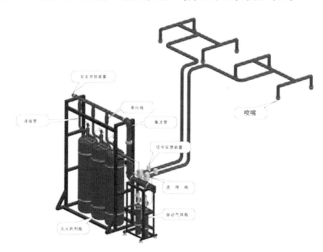

怎样预防火灾、灭火和逃生

- 防火的基本原理
- 灭火的主要方法
- 火灾现场行动指南

三

防火的基本原理

防火所有措施都是以防止燃烧的三个条件（可燃物、助燃物、着火源）结合在一起为目的。

主要措施：

1.控制可燃物

措 施	原 理	措施举例
控制可燃物	破坏燃烧爆炸的基础	1.限制可燃物质储运量。 2.用不燃或难燃材料代替可燃材料。 3.加强通风，降低可燃气体或蒸汽、粉尘在空间的浓度。 4.用阻燃剂对可燃材料进行阻燃处理，以提高防火性能。 5.及时清除洒漏地面的易燃、可燃物质等。

2.隔绝助燃物

措 施	原 理	措施举例
隔绝助燃物	破坏燃烧爆炸物的助燃条件	1.充惰性气体保护生产或储运有爆炸危险物品的容器、设备等。 2.密闭有可燃介质的容器、设备。 3.采用隔绝空气等特殊方法储运有燃烧爆炸危险的物质。 4.隔离与酸、碱、氧化剂等接触能够燃烧爆炸的可燃物和还原剂。

3.消除着火源

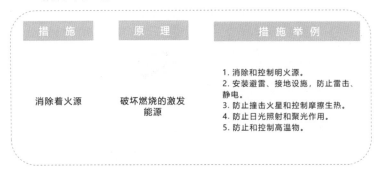

措　施	原　理	措 施 举 例
消除着火源	破坏燃烧的激发能源	1. 消除和控制明火源。 2. 安装避雷、接地设施，防止雷击、静电。 3. 防止撞击火星和控制摩擦生热。 4. 防止日光照射和聚光作用。 5. 防止和控制高温物。

 (二)　灭火的主要方法

1.冷却法：将灭火剂直接喷洒在燃烧的物体表面，使物体温度降到其燃点以下，终止燃烧。

2.隔离法：将燃烧的物体与附近的可燃物隔离或疏散开，使燃烧停止。

3.窒息法：采取适当的措施防止空气流入燃烧区，使燃烧物缺乏或断绝氧气而熄灭。

4.抑制法：使用灭火剂直接阻断燃烧的连锁化学反应，使燃烧停止从而达到灭火的目的。

（三） 火灾现场行动指南

1.如何扑救初起火灾

（1）发现火情。比如：烟、焦糊味、异常声音、热量等，都应该近前察看。若现场确实有明火，或不明烟雾，即确认火灾。察看时可携带灭火器，随时准备灭火。

（2）报告火警。发现火灾迅速拨打119火警电话。如发现有人受伤或窒息，要立即拨打急救电话120。报警时要讲清楚：一是起火详细地址；二是起火部位、着火物质、火势大小、人员伤亡情况；三是报警人姓名及电话号码。报警后派专人到路口迎接消防车，并维持路口到起火点的道路畅通。

（3）火灾扑救。在报警同时，要先切断火灾可燃物的来源途径，及时采取措施扑灭初起火灾。初起阶段由于燃烧面积

小，燃烧强度弱，放出的辐射热量少，是扑救的有利时机，可以用很少的灭火器材，如一桶黄沙，或少量水就可以扑灭。所以，就地取材，不失时机地扑灭初起火灾是极其重要的。注意，在发生火灾时，应先救人后救物。

2.如何报警呼救

（1）呼喊。确认火灾之后，拨打119电话报警同时，在第一现场人员应采取呼喊的方式，通知周围的人员。

（2）按下火灾报警按钮。

（3）使用备好的扩音器。

（4）打消防控制室电话。

（5）启动消防应急广播，通知大家进行疏散。

3.如何组织疏散

发生火灾后，立即进行人员疏散。

（1）疏散时间。疏散行动与报警、灭火同时展开。

（2）疏散引导。按照防火演练分工，通过呼喊、扩音器、手势、挥舞疏散标志物等方式进行引导。

（3）疏散安全。疏散时，防止拥挤、踩踏；注意保护老人、小孩；用湿毛巾捂住口鼻，弯腰通过，减少呼吸，降低浓烟吸入。

（4）疏散路径。按照疏散标识指示方向，到达安全出口。

4.如何防烟

防烟办法：

（1）关闭门窗，并向门窗洒水，防止烟雾进入房间。

（2）关闭与燃烧处相通的门窗。

（3）向门窗洒水并用浸水的衣服堵住门窗的缝隙。

（4）用湿毛巾捂住口鼻，减少浓烟吸入。

（5）不要随意乱跑。

（6）如无法离开火场，应寻找适当位置等待救援。

5.如何逃生

（1）熟悉环境，暗记出口。

处在陌生的环境时，需留心查看疏散通道、安全出口及楼梯方位等，以便紧急情况能尽快逃离。

（2）保持冷静，寻路逃生。

突遇浓烟烈火，要强令自己保持镇静，迅速判断危险地点、安全地点及逃生办法，尽快撤离险境。

（3）敲盆晃物，寻求救援。

火灾发生无法逃生时，向窗外摇晃鲜艳的衣物或敲有声的金属制品，也可向外大声呼救并抛出轻型显眼的东西。如果在晚上，所有灯光熄灭，可在窗口不断闪动手电筒，及时发出求救信号，引起救援者注意。

（4）结绳自救，脱离险境。

高层、多层公共建筑内多配有高空缓降器或救生绳，突发情况下，可帮助受困人员安全地离开危险楼层。如果没有这些专门设施，且安全通道又已被堵，救援人员未及时赶到时，可利用身边的绳索、床单、窗帘或衣服等自制简易救生绳，用水打湿后从窗台或阳台沿绳缓滑到下面楼层或地面，安全逃生。

（5）火已及身，切勿乱跑。

如果身上着了火，千万不可乱跑或用手拍打，应赶紧脱掉衣服或就地打滚，压灭火苗；如能及时跳进水中或让人向身上浇水、喷灭火剂就更易有效灭火。

（6）大火逼近，防烟堵火。

发生火灾不可盲目开门冲出，先摸摸门把手是否发热，若发现门、墙发热，说明大火逼近，此时千万不要打开门窗，可以用浸湿的棉被等封堵，并不断向门或墙上浇水。

（7）走投无路，厕所逃生。

无法冲出火海时，可以逃进浴室、卫生间这种被认为是避难所的房间。因为这些房间可燃物少，又有水源。进入后立即关上门窗。实践证明，在一定条件下，该行为可获得较大的生存机会。

（8）明辨方向，逃离火场。

逃离火场时，千万不要盲目跟从人流，避免相互拥挤、乱冲乱窜。撤离时要朝明亮处、下楼层或外面空旷地方跑。若通道已被烟火封阻，则应背向烟火方向离开，在保证安全的前提下，通过阳台、气窗、天台等往室外逃生。

（9）扑灭小火，惠及他人。

当发生火灾时，如果火势并不大，尚未对人身安全造成很大威胁，且周围有足够的消防器材，如灭火器、消火栓等，应奋力将小火控制、扑灭。

（10）通道畅通，莫入电梯。

合规的建筑物，会有两条以上逃生楼梯、通道或安全出口。发生火灾时，要根据情况选择相对较为安全的楼梯通道通行。切记不可乘坐电梯逃生，高层建筑电梯的供电系统在发生火灾时会随时断电，或因热的作用，电梯变形而使人被困在电梯内。同时，由于电梯井如贯通的烟囱直通各楼层，有毒的烟雾会直接威胁被困人员的生命。

（11）简易防护，蒙鼻匍匐前进。

可采用湿毛巾、口罩蒙鼻，匍匐撤离的办法。烟气比空气轻，往往飘于上部，贴近地面撤离是避免烟气吸入、滤去毒气的最佳方法。穿过烟火封锁区，应佩戴防毒面具、头盔、阻燃隔热服等护具，如果没有，可向头部、身上浇冷水或用湿毛巾、湿棉被、湿毯子等，将头、身裹好再冲出去。

（12）既已逃生，勿念财物。

已经逃离险境的人员，切莫重返火灾现场，再置险境。

电动自行车火灾发生的原因与预防

四

- 电动自行车火灾的主要原因
- 电动自行车火灾的特点
- 如何预防电动自行车火灾

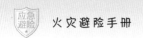

电动自行车已成为当今社会重要的代步工具。但是，电动自行车使用操作不当易引发火灾。

 （一）电动自行车火灾的主要原因

1.电动自行车线路老化

电动自行车使用时间久后，车体内连接路线容易老化、短路。若外部温度过高，很容易引起火灾。

2.电动自行车电池短路

电动自行车电池使用年限过长，或电动自行车电池安装不规范，导致短路发热，很容易发生自燃。

3.电动自行车充电器与电池不匹配

一些家庭有多辆电动自行车，不少人图省事，一个充电器给多块电池同时充电，会留下安全隐患。

4.电动自行车电池充电时间过长

一般情况，电动自行车电池充电数小时就能够满足需要。生活中，电动自行车整夜充电的现象较为普遍。电池充电超过10小时，甚至更长时间，不仅会降低使用寿命，而且充电时

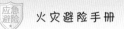
易过热，引发火灾。

5.电动自行车充电环境不利于消防安全

很多用户的住处没有电动自行车专用充电处，违规将电动自行车推入楼梯间、过道，甚至室内存放充电。一旦电动自行车发生火灾，火焰和浓烟会快速封堵建筑的安全出口、逃生通道，容易造成人员伤亡甚至群死群伤。

（二）电动自行车火灾的特点

1.电动自行车火灾多发生在夜间电池充电时

统计分析，电动自行车亡人火灾，几乎都发生在电动自行车电池充电时段，且集中在夜间人们警觉性较低的睡眠时段。

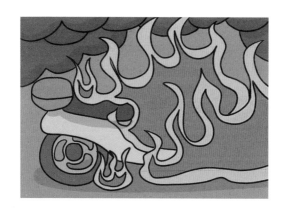

2.电动自行车起火直接原因多为电气故障

电动自行车主要电器件有：电机、控制器、仪表、照明显示灯、充电器、电池以及供电和控制线路等。使用过程中，电气线路短路、超负荷、插接件接触电阻过大、元器件高温等都易引发火灾。

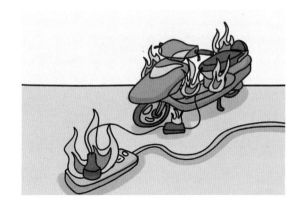

3.电动自行车车身系可燃物，起火易导致人员中毒伤亡

电动自行车围挡、坐垫、灯具大多采用高分子材料制作，这些材料燃烧性强、燃烧速度快，并伴随大量有毒烟气。电动自行车电池组或电器元件一旦起火会迅速引燃车辆，火势扩大，产生大量有毒烟气，导致人员中毒伤亡。

4.电动自行车违规在建筑首层室内或过道充电，造成封堵逃生通道

由于电动自行车不适宜露天存放，用户通常夜间将电动自行车搬到室内存放并充电。在建筑首层室内或过道充电时，一旦发生火灾，安全出口、逃生通道会被迅速封堵，极易造成人员伤亡。

（三）如何预防电动自行车火灾

预防电动自行车火灾发生，需注意以下几点：

1.看品牌查装置

消费者要注意选择有生产许可证、市场信誉高、消费者反映好的品牌电动自行车。同时，注意查看电动自行车是否具备电压、电流保护功能和短路保护功能，不得违规改装电动车

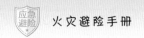
及其配件。

2.勤检查常维护

必须看清产品说明书并按说明书操作，要选择与电动自行车、充电器、电机型号、规格相配套的充电设备；电动自行车在正常使用过程中，若出现故障，要选择专业的维修机构或人员维修，不得擅自拆卸电器保护装置。

3.加强存放管理

电动自行车集中存放场所，要按照规定配置消防设施和器材，安装防火门，不得在建筑首层门厅、过道及楼梯间内存放电动自行车。

4.按要求充电

电动自行车充电应在规定场所进行，充电线路固定安装，或将电池拆下单独充电，要加装短路和漏电保护装置，严格按照说明书的规定进行充电，避免充电时间过长。

高层建筑火灾的预防

- 高层建筑的特点
- 高层建筑火灾的主要原因
- 高层建筑火灾的特点
- 如何预防高层建筑火灾

五

高层建筑的特点

1.高层建筑的结构特点

（1）主体建筑高、层数多

（2）周围多有裙房

（3）建筑外形多样

（4）墙体耐火能力低

（5）竖井、管道多

（6）用电设备多

2.高层建筑主要消防设施

高层建筑火灾，主要依靠建筑物内固定消防设施灭火。主要包括：火灾自动报警系统、自动喷水灭火系统、消火栓系统、气体灭火系统、防排烟系统、安全疏散系统等。

（1）气体灭火装置

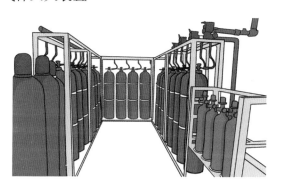

（2）室内消火栓

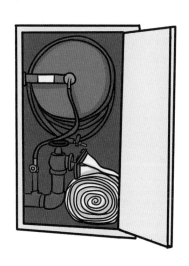

（3）消防泵房

（4）水泵接合器

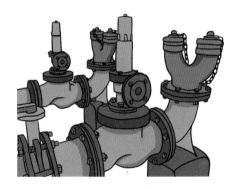

（5）消防水箱

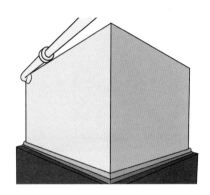

（6）消防电梯

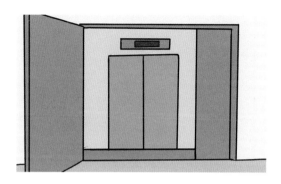

（7）疏散楼梯与避难层

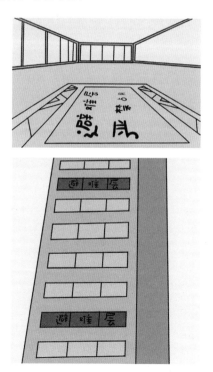

（8）消防中控室

 高层建筑火灾的主要原因

　　高层建筑多是集商务办公、休闲娱乐、餐饮住宿为一体的大型综合性公共建筑，建筑体积大、功能多样，火势蔓延快，人员疏散困难，救援难度大，一旦发生火灾，将带来极大的人员伤亡和财产损失。主要原因有：

　　用电设备多、电气设备运行时间长、线路容易老化、超负荷用电等引发火灾；

　　燃油、燃气等引起火灾；

　　吸烟引起火灾；

　　违章用火用电引起火灾；

　　其他原因引起火灾。

 ## 高层建筑火灾的特点

1.火势蔓延快，容易形成立体火灾

　　高层建筑管井管道、共享空间、玻璃幕墙缝隙等部位，易产生"烟囱"效应，其烟气蔓延速度是水平方向数倍，烟气迅速充满建筑物内，能见度降低，易造成人员恐慌，给灭火和救援造成困难。

2.疏散困难，极易造成人员伤亡

高层建筑层数多、垂直疏散距离大、人员集中、烟囱效应强，被困疏散人员惊慌、拥挤，极易发生踩踏现象，甚至发生人员跳楼逃生事件，烟气、毒气等燃烧产物极易造成人员窒息、中毒死亡。

3.扑救难度大

高层建筑层数多、裙房多、人员多、道路窄、救援难，火灾扑救难度大。

 （四） 如何预防高层建筑火灾

高层建筑主体建筑高、层数多，一旦发生火灾，地面消防设备扑救难度大，必须充分发挥建筑内部自有消防设施设备作用。

1.高层建筑要严格按照建筑设计和材料防火要求设计施工

（1）严格按防火要求使用保温材料、装饰材料等；

（2）严格按防火要求对建筑构件耐火性能、外部平面布局、内部平面布局、安全疏散和避难防火构造等进行检查和整改；

（3）切实保证自动消防设施给水、给电及配电、建筑电气防火等消防设计功能完备，确保高层建筑火灾的自防自救能力。

2.高层建筑的自有消防设备要始终处在良好运转状态

（1）定期对消防设施进行维保；

（2）定期对消防系统进行检测；

（3）定期对消防安全进行评估；

（4）推进智能消防技术应用。

3.提高消防安全意识和防范能力

（1）管理人员应执行消防法律规范，熟悉消防安全制度、流程和应急预案，掌握消防设施器材的使用方法；

（2）加强对管理人员的消防培训和演练，提高应急处置能力水平；

（3）加强人员消防宣传教育培训，提升"三懂四会"能力。

消防法律法规及违法惩处

六

- 消防法律法规体系的主要内容
- 消防安全职责
- 违反消防法律法规的处罚
- 《消防安全责任制实施办法》主要内容

（一）消防法律法规体系的主要内容

消防法律法规是指国家机关制定的有关消防管理的规范性文件的总称。包括法律、行政法规、地方性法规、国务院部门规章、地方政府规章等。

1.消防法律

《中华人民共和国消防法》是我国目前正在实施的唯一一部具有国家法律效力的专门消防法律。还有《中华人民共和国安全生产法》《中华人民共和国刑法》《中华人民共和国治安管理处罚法》等有关消防的法律内容。

2.行政法规

国家颁布的消防行政规章主要有：国务院发布的《化学危险物品安全管理条例》，国务院办公厅颁发的《消防安全责任制实施办法》；公安部发布的《易燃易爆化学物品消防安全监督管理办法》和《机关、团体、企业、事业社会单位消防安全管理规定》。

危险化学品安全管理条例

3.地方性法规规章

如北京市人民政府颁布的《北京市消防条例》等。

4.消防技术标准

消防技术标准可分为规范和标准两大类，这些规范和标准一般都是强制性的。

5.建筑、设备规范：

《建筑设计防火规范》；

《高层民用建筑设计防火规范》；

《自动喷水灭火系统设计规范》；

《火灾报警系统设计规范》；

《建筑灭火器配置验收及检查规范》。

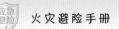
 （二） 消防安全职责

国家和地方性法规对机关、团体、企业、事业等单位应当履行的消防安全职责作了以下规定：

1.《中华人民共和国消防法》

第十六条 机关、团体、企业、事业等单位应当履行下列消防安全职责：

（1）落实消防安全责任制，制定本单位的消防安全制度、消防安全操作规程，制定灭火和应急疏散预案；

（2）按照国家标准、行业标准配置消防设施、器材，设置消防安全标志，并定期组织检验、维修，确保完好有效；

（3）对建筑消防设施每年至少进行一次全面检测，确保完好有效，检测记录应当完整准确，存档备查；

（4）保障疏散通道、安全出口、消防车通道畅通，保证防火防烟分区、防火间距符合消防技术标准；

（5）组织防火检查，及时消除火灾隐患；

（6）组织进行有针对性的消防演练；

（7）法律、法规规定的其他消防安全职责。

2.《北京市消防条例》

第十二条 单位应当履行下列消防安全职责：

（1）落实消防安全责任制，制定本单位的消防安全制度、消防安全操作规程，制定灭火和应急疏散预案并组织演练；

（2）按照国家标准、行业标准配置消防设施、器材，设置消防安全标志，并定期组织检验、维修，确保完好有效；

（3）按照检测规范对建筑消防设施每年至少进行一次全面检测，确保完好有效，不具备检测条件的应当委托具备相应资质的检测机构进行检测，检测记录应当完整准确，存档备查；

（4）保障疏散通道、安全出口、消防车通道畅通，保证防火防烟分区、防火间距符合消防技术标准；

（5）组织防火检查，对发现的火灾隐患采取消防安全防范措施，及时消除火灾隐患；

（6）组织进行有针对性的消防演练，对消防设备操作控制人员、专职和兼职防火人员等重点岗位的人员进行专项培训；

（7）按照消防技术标准和管理规定，对电器设备、燃气用具及其线路、管路进行检测、维护和管理；

（8）按照国家标准设置消防控制室，消防控制室的值班人员应当遵守国家和本市消防控制室操作规程，不得擅离职守；

（9）法律、法规规定的其他消防安全职责。

单位的主要负责人是本单位的消防安全责任人，对本单位的消防安全工作全面负责。

(三) 违反消防法律法规的处罚

1.《中华人民共和国消防法》

第六十条规定：单位违反本法规定，有下列行为之一的，责令改正，处五千元以上五万元以下罚款：

（1）消防设施、器材或者消防安全标志的配置、设置不符合国家标准、行业标准，或者未保持完好有效的；

（2）损坏、挪用或者擅自拆除、停用消防设施、器材的；

（3）占用、堵塞、封闭疏散通道、安全出口或者有其他妨碍安全疏散行为的；

（4）埋压、圈占、遮挡消火栓或者占用防火间距的；

（5）占用、堵塞、封闭消防车通道，妨碍消防车通行的；

（6）人员密集场所在门窗上设置影响逃生和灭火救援的障

碍物的；

（7）对火灾隐患经公安机关消防机构通知后不及时采取措施消除的。

个人有前款第二项、第三项、第四项、第五项行为之一的，处警告或者五百元以下罚款。

有本条第一款第三项、第四项、第五项、第六项行为，经责令改正拒不改正的，强制执行，所需费用由违法行为人承担。

2.发生重大火灾以上对责任人的处罚

《中华人民共和国刑法》第一百三十九条对消防责任事故罪的界定：违反消防管理法规，经消防监督机构通知采取改正措施而拒绝执行，造成严重后果的，对直接责任人员，处三年以下有期徒刑或者拘役；后果特别严重的，处三年以上七年以下有期徒刑。

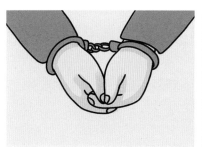

（四）《消防安全责任制实施办法》主要内容

1.消防安全责任制基本原则

政府统一领导、部门依法监管、单位全面负责、公民积极参与；党政同责、一岗双责、齐抓共管、失职追责。

2.消防安全谁来管？

（1）地方各级人民政府负责本行政区域内的消防工作，政府主要负责人为第一责任人，分管负责人为主要责任人，班子其他成员对分管范围内的消防工作负领导责任。

（2）县级以上人民政府其他有关部门按照管行业必须管安全、管业务必须管安全、管生产经营必须管安全的要求，在各自职责范围内依法依规做好本行业、本系统的消防安全工作。

（3）坚持安全自查、隐患自除、责任自负。机关、团体、企业、事业等单位是消防安全的责任主体，法定代表人、主要负责人或实际控制人是本单位、本场所消防安全责任人，对本单位、本场所消防安全全面负责。

3.消防安全怎么管？

（1）明确各级、各岗位消防安全责任人及其职责，制定本单位的消防安全制度、消防安全操作规程、灭火和应急疏散预案。定期组织开展灭火和应急疏散演练，进行消防工作检查考核，保证各项规章制度落实。

（2）保证防火检查巡查、消防设施器材维护保养、建筑消防设施检测、火灾隐患整改、专职或志愿消防队和微型消防站建设等消防工作所需资金的投入。生产经营单位安全

费用应当保证适当比例用于消防工作。

（3）按照相关标准配备消防设施、器材，设置消防安全标志，定期检验维修，对建筑消防设施每年至少进行一次全面检测，确保完好有效。设有消防控制室的，实行24小时值班制度，每班不少于2人，并持证上岗。

（4）保障疏散通道、安全出口、消防车通道畅通，保证防火防烟分区、防火间距符合消防技术标准。人员密集场所的门窗不得设置影响逃生和灭火救援的障碍物。保证建筑构件、建筑材料和室内装修装饰材料等符合消防技术标准。

（5）定期开展防火检查、巡查，及时消除火灾隐患。

（6）根据需要建立专职或志愿消防队、微型消防站，加强队伍建设，定期组织训练演练，加强消防装备配备和灭火药剂储备，建立与公安消防队联勤联动机制，提高扑救初起火灾能力。

（7）消防法律、法规、规章以及政策文件规定的其他职责。

（8）积极应用消防远程监控、电气火灾监测、物联网技术

等技防物防措施。

4.不履行消防安全责任怎么办？

（1）各有关部门应当建立单位消防安全信用记录，纳入全国信用信息共享平台，作为信用评价、项目核准、用地审批、金融扶持、财政奖补等方面的参考依据。

（2）地方各级人民政府和有关部门不依法履行职责，在涉及消防安全行政审批、公共消防设施建设、重大火灾隐患整改、消防力量发展等方面工作不力、失职渎职的，依法依规追究有关人员的责任，涉嫌犯罪的，移送司法机关处理。

（3）因消防安全责任不落实发生一般及以上火灾事故的，依法依规追究单位直接责任人、法定代表人、主要负责人或实际控制人的责任，对履行职责不力、失职渎职的政府及有关部门负责人和工作人员实行问责，涉嫌犯罪的，移送司法机关处理。

如何加强社会单位消防安全"四个能力"建设

七

- 什么是社会单位消防安全"四个能力"
- 为什么要加强社会单位消防安全"四个能力"建设
- 如何加强社会单位消防安全"四个能力"建设

什么是社会单位消防安全"四个能力"

社会单位消防安全主要包括以下四种能力：

一是检查和整改火灾隐患能力，要"防得住"；

二是扑救初期火灾能力，要"打得赢"；

三是组织引导人员疏散逃生能力，要"不伤亡"；

四是消防安全知识宣传教育培训能力，要"强素质"。

通过提高"四种能力"，使"政府统一领导、部门依法监管、单位全面负责、公民积极参与"的原则得到进一步体现，社会单位消防安全主体责任得到进一步明确，人民群众的参与性得到进一步拓展，消防工作社会化程度得到进一步提高。

为什么要加强社会单位消防安全"四个能力"建设

1.火灾事故惨痛教训的要求

（1）单位自身不能及时发现存在的火灾隐患，或虽发现但未能及时整改，很大程度导致火灾发生；

（2）发生火灾后，初期火灾不能扑救、不会正确使用消防器材，或消防器材不能正常使用，导致小火酿成大灾；

（3）不知道如何引导现场人员逃生疏散，造成人员伤亡；

（4）缺乏消防安全知识宣传教育培训，遇火灾惊慌失措，无所适从。

因此，通过开展社会单位消防安全"四个能力"建设，提高自身消防安全管理水平，最大限度地发挥自防自救能力，有效预防重特大火灾事故，尤其是群死群伤火灾事故的发生。

2.遵守消防法律法规的要求

严格遵守消防法律法规，必须有社会单位消防安全"四个能力"建设的保障，要让全体人员学法、知法、懂法，自觉遵守法律规章，避免出现盲目犯法的现象。

3.强化消防安全意识的要求

"预防为主，防消结合"是消防工作的基本方针。开展消防安全"四个能力"建设，就是要强化社会单位"防"和"消"

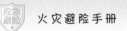

的意识，把"预防"和"扑救"有机结合起来。

（三）如何加强社会单位消防安全"四个能力"建设

1.运用现代先进科学技术，提高社会单位火灾监管防控能力

（1）政策背景。近年来，各地火灾事故频发，监管防控压力极大，国家先后出台多项法规政策，强化落实主体责任，坚持科技创新引领，推动传统消防向智能消防管理的整体跃升。2017年10月，公安部消防局下发了《关于全面推进"智慧消防"建设的指导意见》；2021年5月，应急管理部下达了《关于推进应急管理信息化建设的意见》。这些政策意见，旨在推

智慧消防政策

动新兴科技在应急消防领域的深度应用，加快应急消防工作信息化、数字化、智能化发展。各地也先后颁发指导性文件，全面推进"智慧消防"建设，并将其融入"智慧城市"的总体规划，重点提升火灾防控的科学管理水平。

（2）革新技术。在国家政策、市场需求及新技术应用等多重因素驱动下，北京励拓新安安全防范技术有限公司等一批创新企业，以传统消防服务为基础，以智能消防平台应用为核心，专注发展消防领域先进的技术和产品，将消防科技与物联网、大数据、数字孪生、人工智能等现代技术相结合，为政府、社会单位、公众家庭提供智能化的消防安全解决方案，保证人民生命和财产安全，为社会经济健康和谐发展，创造良好的消防安全环境。

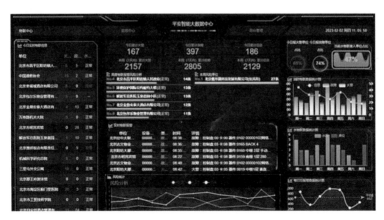

（3）平台应用。"互联网＋消防"理念，核心是打造"消防智能安全平台＋24小时服务中心＋线下智能维保队伍"三位一体的新型服务体系，集消防设施线上检测、线下服务、后

台管控于一体，真正实现从传统人防到人防、物防、技防"三防"融合于一体；构建风险评估、监测报警、维保检测、培训认证等全链条一体化消防安全闭合服务模式，对设备状况、人员作业质量、事件处理过程做全方位的管控，真正实现客户风险可视，端到端可管可控的消防安全管理服务。智能消防与传统消防相比，注重打通应急联动部门、消防部门、行业主管部门、社会单位等不同应用场景的信息孤岛，提升感知预警能力和应急指挥能力，做到更早发现、更快处理，将火灾风险和影响降到最低。消防数字化管理平台，还可以整合原有消防物联网、视频监控、森林防火监控、无人机系统以及城市建模数据等，运用遥感卫星、北斗定位等新技术，结合消防基础信息采集及预案的录入，升级楼宇内到建筑外、城市（乡镇）到森林（草原）消防安全的整体管理，呈现"火灾防范灭火救援一张屏"。这种管理模式，解决了传统消防高度分散、割裂、孤立、低效的问题，形成协同进化的完整、高效、系统，实现可

持续的消防安全保障。

消防智能管理平台可向城市防洪、地震、泥石流等应急减灾领域拓展，实现智能防控、智能管理、智能作战、智能指挥等精准管控和赋能，减少和消除由灾害造成的各类风险。

2.落实逐级防火检查制度，提高及时检查发现火灾隐患能力

（1）加强岗位防火自查。社会单位每名员工都应熟悉本岗位的火灾危险性，掌握火灾防范措施。

（2）搞好防火巡查。社会单位消防工作归口管理部门，要严格实施防火巡查制度，适时增加巡查频次，及时发现并处置火灾隐患。

（3）认真落实单位防火检查。结合智能维保服务，社会单位消防安全管理人每月应对本社会单位落实消防安全制度和消防安全管理措施、执行消防安全操作规程等情况，至少组织一次全面的防火检查。社会单位有关内设部门负责人，每周还应

单位消防责任人、消防安全管理人每月、每周至少组织一次防火检查。

单位实行每日防火巡查，并建立巡查记录。

员工每天班前、班后进行本岗位防火检查。

对重点部位进行一次防火检查。

3.组织搞好消防培训演练，提高社会单位扑救初期火灾能力

提高社会单位扑救火灾的快速反应能力，应做到：

一是成立消防应急现场指挥部，统一指挥灭火救援工作；

二是加强社会单位自身灭火力量建设；

三是制定消防应急预案并经常组织演练；

四是建立多种形式消防队伍，做到火情发现早、小火灭得了。

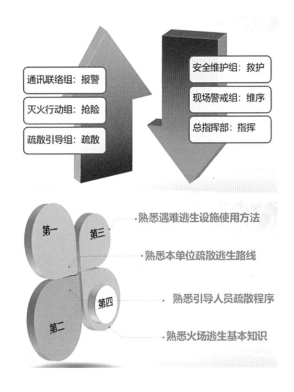

4.开展多种形式舆论引导，提高社会单位消防宣传教育能力

提高宣传消防教育能力，就是要在社会单位内部，通过多种形式的舆论引导和教育培训，使人们的消防安全素质普遍提高，消防安全意识明显增强。

（1）抓好消防培训演练，培养消防明白人

通过教育培训，使人们熟悉消防法律法规，掌握消防安全职责、制度、操作规程、灭火和应急疏散预案，掌握本单位、本岗位的火灾危险性和防火措施，会使用消防设施器材、会报警、会扑救初起火灾、会疏散逃生自救。

（2）抓好消防安全宣传，营造消防安全氛围

采取多种形式全方位、多角度开展消防宣传，充分利用有线视频、电子屏幕、广告牌、灯箱、宣传标语、播放公益广告等形式开展宣传教育，使人们随时随地获取消防安全知识，提高公众消防安全意识。

（3）抓好消防安全标识化，提示消防安全信息

消防安全标识化建设是通过设置醒目的消防安全标志，提醒人们什么场所应当注意什么，告诉人们哪里有灭火器、如何使用，什么地方可以疏散逃生等信息，使人们在潜移默化中，让消防安全成为自我管理、自我教育的自觉行动。

地下消火栓

火情警报按钮

灭火器

消防水泵接合器

消防水带

禁止烟火

禁止放易燃物

禁止吸烟

当心火灾 - 易燃物质

禁止带火种

禁止燃放鞭炮